AF402717

COMPTE-RENDU

DU

COMITÉ STATISTIQUE

DU

CAUCASE

A

TIFLIS

PRÉSENTÉ A LA VIIIe SESSION DU CONGRÈS INTERNATIONAL DE STATISTIQUE

ST-PETERSBOURG

IMPRIMERIE TRENKÉ & FUSNOT (JOURNAL DE ST-PÉTERSBOURG)
15, MAXIMILIAXOVSKY PÉRÉOULOK, MAISON DUSAUX, 15

1872

NOTICE BIBLIOGRAPHIQUE

SUR L'ACTIVITÉ

DU COMITÉ STATISTIQUE DU CAUCASE

FONDÉ EN 1863.

En présentant à la VIIIme session du Congrès international de statistique les publications du comité statistique du Caucase, je m'empresse de les accompaguer de quelques notes sur l'organisation de cette nouvelle institution, ainsi que sur le contenu de ses ouvrages, imprimés en russe. Par le présent travail je réponds en quelque sorte au désir, formulé par la VIIIme session à La Haye, demandant que les en-têtes des publications statistiques soient traduits en français.

Des comités statistiques pour les cinq provinces de la Transcaucasie et celui de Stavropol existaient déjà depuis quelques années lorsque se fit sentir le manque d'une direction centrale de leurs travaux scientifiques, laquelle pour les autres provinces de l'Empire est confiée au comité central de statistique, auprès du ministère de l'intérieur. C'était au gouvernement de S. A. I. le grand-duc Michel, lieutenant de Sa Majesté au Caucase, qui après la soumission complète du Caucase occidental dota le pays d'un vaste réseau de routes et de télégraphes, de la libération des serfs, de nouveaux tribunaux et de grandes réformes dans les institutions scolaires et

1*

scientifiques, de nos jours enfin d'un nouveau système de perception des impôts, — c'était à ce gouvernement, plein d'une initiative humaine et éclairée, qu'il était de même dévolu de donner une nouvelle impulsion aux études statistiques. La haute direction de ces travaux fut confiée au chef de l'administration supérieure du Caucase, S. Exc. le secrétaire d'Etat baron de Nicolay, en sa qualité de président du comité statistique du Caucase, créé le 19 février 1868, lors de la réorganisation de l'administration et des tribunaux du pays, ainsi que de sa division territoriale. Le grand intérêt que le gouvernement prend à ces études, et la libéralité avec laquelle il assigne les sommes nécessaires pour tous les travaux scientifiques dans le pays, donna au comité de statistique du Caucase la possibilité de s'agréger un nombre continuellement croissant de zélés collaborateurs, ainsi que d'illustrer ses éditions de tableaux instructifs. Outre ses travaux non publiés, tels que divers tableaux statistiques et le grand atlas, destiné à exposer les réformes opérées dans le Caucase depuis 1863 (époque où le gouvernement du pays fut confié à S. A. I. le lieutenant de Sa Majesté au Caucase), ouvrage que j'ai l'honneur de déposer sur le bureau de l'illustre assemblée, le comité de statistique du Caucase eut ainsi dans les quatre années de son existence la possibilité d'éditer les trois volumes dont je vais donner l'énumération des matières, ainsi que d'assurer la publication de plusieurs ouvrages commencés.

Commençons donc par *Les Registres des lieux habités du gouvernement de Bakou.* Tiflis 1870. grand in-8°, V, 134, XX, 103 pages, accompagné de 4 cartes.

Cet ouvrage, conforme au programme d'après lequel le comité statistique central de l'Empire a élaboré sa grande série de monographies sur les gouvernements de la Russie, et portant le même titre, offre quelques innovations, qui semblaient exigées par les différences de la contrée dont il traite. Nous y trouvons une introduction détaillée, renfermant des *Notions générales* sur le gouvernement de Bakou: 1° Position géographique et superficie 34,286,3 verstes ou 708,51 milles géogr. carrées). — 2° Aperçu orographique et hypsométrique, accompagné d'une carte à l'échelle de 30 verstes au pouce ou $\frac{1}{1,260,000}$, qui indique en diverses teintes bleues les profondeurs de la mer Caspienne, en teintes vertes, brunes et blanches les terrains qui s'élèvent: *a.* jusqu'à 85,₆ pieds seulement au-dessus de la Caspienne, savoir jusqu'au niveau de la mer Noire et des océans; *b.* la couche de 0 à 250 pieds au-dessus de la mer; *c.* de 250 à 500 pieds; *d.* de 500 à 1500 pieds; *e.* de 1500 à 3000 pieds; *f.* de 3,000 à 6,000; *g.* de 6000 à 10,000 et enfin *h.* les terrains au-dessus de 10,000 pieds ou les espaces couverts de neige éternelle. — 3° Conformation géologique et richesses minérales. — 4° Aperçu hydrographique, accompagné d'une carte de la baie de Bakou. — 5° Esquisse climatologique. — 6° Esquisse historico-naturelle du gouvernement. — 7° Aperçu historique. — 8° Aperçu ethnologique, accompagné d'une carte illustrant la distribution des Russes, Arméniens, Tatares et Chah-sévens (race turque), des Tates et Talychiens (race iranienne) Kurines ou Lesghiens, Djekes et Hapoutli, Boudoughs, Khinaloughiens et enfin des israélites. Les traits horizontaux ou verticaux, qui servent à la coloration des contrées habitées par les peuplades non chrétiennes, servent en même temps à la distinction des deux sectes mahométanes, des sunnis et chiites. — 9° Aperçu statistique de la population du gouvernement. D'après le recensement opéré dans les années 1859—1863 la population du gouvernement de Bakou consistait en 253,010 hommes et 214,916 femmes ou (en comptant 351 habitants, donnés sans détermination de sexe) en tout de 468,277 habitants, qui se distribuaient sur 1557 lieux habités, représentant en même temps une densité de population de 660,₉ habitants pour 1 mille géogr. ou 13,₆₆ pour 1 verste carrée. Le même chapitre nous présente des tableaux sur la distribution de la population masculine d'après l'âge pour les différentes nationalités, ce qui nous donne, à défaut de registres sur les naissances et décès dans le gouvernement, une notion approximative de la longévité relative de chaque peuplade. Les mêmes données se trouvent aussi classées d'après l'état sédentaire ou nomade de la population. Le plus grand intérêt, à ce qu'il nous semble, a trait à l'examen des *relations numériques entre les deux sexes* de la population rurale dans les différentes nationalités du gouvernement de Bakou. Partout nous trouvons une *prédominance excessive du sexe masculin* sur le sexe féminin, — prédominance d'autant plus prononcée que nous voyons la femme plus oppressée dans la nationalité en question. Ainsi nous trouvons pour 100 hommes:

Chez les Russes	. . . .	98,33	femmes
"	Arméniens	85,96	"
"	Tates et Talychiens	85,01	"
"	Tatares et Chahsévens	83,11	"
"	Kurines (Lesghiens).	93,01	"
"	Hapoutli et Djekes.	90,01	"
"	Boudoughs	97,12	"
"	Khinaloughiens	94,70	"
"	Israélites	85,22	"
En tout dans le gouvernement	. . . .	85,45	"

Nous trouvons donc la plus grande disproportion numérique pour les deux sexes chez les Tatares, Tates et Talychiens, Israélites et Arméniens, et la moindre chez les Russes et chez les petites peuplades montagnardes, où la femme jouit de l'égalité de droit avec le sexe fort. — 10° Economie rurale et industrie; — 11° Voies de communication; — 12° Commerce et navigation; — 13° Santé et instruction publiques; — 14° Statistique judiciaire.

Ces 14 chapitres de l'introduction sont suivis de 13 pages d'annotations, renfermant les *citations de la littérature et des sources* justificatives. Puis nous trouvons une *explication des termes topographiques* les plus usités dans le gouvernement et des mots entrant dans la formation des divers noms propres de la contrée.

Les *tableaux des lieux habités* du gouvernement (1,557 est leur nombre total) se divisent en dix colonnes, dont la première renferme le numéro; 2° le nom du lieu habité et sa dénomination ou valeur administrative (ville, bourg, village, hameau, campement de nomades, quartier-général de troupes, poste de douane ou cordon de cosaques, établis sur la frontière de l'Empire, pêcherie, station de poste, etc.); 3° la position du lieu habité près de la mer, d'une rivière, lac, étang ou puits; 4° (n° 5) la distance en verstes du chef-lieu du gouvernement, de St-Pétersbourg et de Tiflis, des chefs-lieux de district de Tiflis et du chef-lieu du gouvernement, et, pour les autres lieux habités, la distance du chef-lieu du district seulement (les chefs-lieux de canton n'existant guère actuellement en Transcaucasie); 5—7, ces trois colonnes donnent la quantité des maisons pour les villes et des familles ou feux pour les villages, puis le nombre des habitants masculins et féminins qui se trouvent dans le lieu habité: les colonnes 8° et 9° (qui manquent pour les villes renfermant une population mixte) nous donnent la nationalité et la religion des habitants — objet important pour des contrées où la population offre tant de différences, comme dans les provinces caucasiennes; la 10° colonne nous fournit des renseignements sur les églises et mosquées, les établissements scolaires et de bienfaisance, stations de poste (si elles ne forment pas elles-mêmes un lieu habité distinct), les foires, bazars, ports ou embarcadères, fabriques ou autres monuments qui distinguent le lieu habité.

L'énumération des lieux habités du gouvernement commence par les villes, puis suivent les autres lieux habités, rangés d'après les districts dans le ressort desquels ils sont situés, d'après les divisions naturelles du pays, comme les vallées, le cours des fleuves, les chaînes de montagnes, etc. Le district de Djevad, s'étendant depuis le confluent de l'Araxe et de la Koura jusqu'aux embouchures de la dernière rivière, est illustré par une carte à l'échelle de 10 verstes au pouce ou $\frac{1}{420,000}$, représentant tous les lieux habités jusqu'au dernier hameau, et l'emplacement d'hiver des campements de nomades. On y trouve en outre indiqué l'endroit où les eaux de l'Araxe lors de la crue exceptionnelle de 1868, débordèrent pour prendre une direction directe vers la mer Caspienne par la steppe de Moughan — fait extrêmement intéressant à propos des travaux de l'académicien M. de Baer, qui, d'après Strabon et Ptolémée, nous prouva il y a quinze ans que dans l'antiquité la Koura et l'Araxe avaient eu dans la mer Caspienne des embouchures distinctes.

A la fin de l'énumération des lieux habités, nous trouvons des tableaux de la distribution de ces lieux dans les six districts du gouvernement, d'après la quantité des feux qu'ils renferment, d'après le nombre de leurs habitants, d'après leur nationalité et religion, etc.

Quelques pages sont consacrées à la fin de notre ouvrage à l'*Explication des noms propres*, cités dans la liste des lieux habités du gouvernement de Bakou, avec quelques notices historiques s'y rattachant, — travail difficile, mais indispensable pour un pays où se parlent une quantité de langues les plus différentes entre elles. Un *Index alphabétique* des lieux habités termine le volume.

Nous ne pourrions conclure notre aperçu bibliographique sans mentionner que nos cartes, dressées par M. Vivien de Chateaubrun et lithographiées à l'institut cartographique du colonel Ilyine, à Saint-Pétersbourg, ont pour base les belles levées et cartes sur diverses échelles, publiées par le dépôt topographique de l'état-major du Caucase, sous la direction du colonel Stebnitzky, qui jouit dans la science d'une renommée justement méritée.

Comme les registres des lieux habités sont la base indispensable de toute étude sérieuse de statistique, le président du comité de statistique du Caucase a bien voulu déclarer ce travail comme la principale tâche du bureau, qui se trouve sous sa haute protection. En réalité, des registres des lieux habités existent dans les archives du bureau institué pour tous les gouvernements du Caucase, mais l'élaboration définitive de ces volumes demandant beaucoup de travail et leur publication de grandes sommes, on a dû ajourner l'exécution de ce projet, parce que les données du dernier recensement de la population du pays sont passablement surannées. C'est à cause de cela que le bureau s'occupe, en attendant le nouveau recensement projeté pour 1873, de rassembler des matériaux pour une description scientifique du pays. Voici les idées qui nous guidèrent lorsque nous entreprîmes la rédaction et la publication des deux volumes suivants, qui portent le titre de :

Recueil de mémoires sur le Caucase,

vol. I. Tiflis, 1871. 312 pages grand-in 8° avec 1 carte et 5 planches lithographiées.

Ce volume contient : 1° Réseau des principales routes de la Transcaucasie (avec carte), par le colonel Ghersévanow, inspecteur général des constructions civiles dans le Caucase ; 2° Aperçu historique sur les routes mercantiles dans la Trancaucasie antique, par M. Eritsow ; 3° Travaux d'exploration des eaux minérales à Piatigorsk, Jélésnovodsk et Yessentouki (avec 2 planches lithographiées) par l'ingénieur des mines M. de Koschkull; 4° Études sur les glaciers actuels et anciens du Caucase, par H. Abich, — traduction d'un travail dont le célèbre auteur avait publié la première partie en français et l'autre en allemand; 5° Voyage dans les vallées de l'Osséthie septentrionale (avec planche), par le docteur W. Pfaff; 6° Droit national des Osséthiens, par le même — rédaction russe d'un ouvrage préalablement publié par l'auteur en allemand; 7° Matériaux pour une statistique criminelle du Caucase. I. Gouvernements d'Élisabethpol et Tiflis, par M. Stalinsky, actuellement rédacteur du journal „le Caucase". Ce travail embrasse les 6 années depuis 1865 à 1870 ou 3 années avant et 3 après la réforme des tribunaux dans le pays; 8° Des suicides dans la Trans- et Ciscaucasie, par le même. Ce mémoire traite des années 1860—1871 (excl.) 9° Division administrative des contrées du Kouban et du Térek lors de l'introduction, le 1er janvier 1871, dans ces provinces, de l'administration civile.— La contrée du Kouban se divise depuis ce temps dans les 5 districts de Eïsk, Temruk, Ekatherinodar, Batalpachinsk et Maïkop, embrassant en tout un territoire de 1697,0 milles géograph. carrés, soit 82,105,3 verstes carrées avec une population de 606,700 habitants, soit 357,51 habitants par mille carré ou 7,38 par verste carrée. La contrée du Térek se divise dans les 7 districts de Guéorguievsk, Vladikavkaz, Grozny, Argoun, Kizliar, Khaçaw-Yourt et Wédeno sur un territoire de 1,069,0 milles ou 51,728,6 verstes carrées avec 477,612 habitants, soit 446,78 habitants par mille carré ou 9,23 par verste carrée. D'après la nationalité on compte dans la contrée du Kouban 517,219 Russes, 83,607 individus des différentes peuplades montagnardes (Circassiens), 3,163 Arméniens, 1,913 Allemands et 798 Grecs. La contrée du Térek contient 160,785 Russes, 10,728 Arméniens, 40,444 Osséthiens, 24,918 Koumyks. 8,302 Nogaïs, 5,912 Aoukhs, 6,469 Salataviens, 6,261 Zandakows, 12,682 Itchkériens et 192,111 individus de peuplades montagnardes non classées. — 10° Relation numérique des différentes nationalités d'après les districts de la Cis- et Transcaucasie (en pour cent). Ce tableau statistique forme la base de notre carte ethnologique du Caucase, qui se trouve dans l'atlas que nous avons l'honneur de présenter à la VIIIe session du Congrès international de statistique. — 11° Article sur les maladies et infirmités apparentes de la population masculine de la Transcaucasie, que nous avons ci-joint reproduit en français. — 12° Monuments préhistoriques et antiques du Caucase (avec 2 planches lithographiées), par M. Bayern. — 13° Noms propres géorgiens dans l'Asie Mineure, d'après un article de M. Hyde Clarke dans l'„Athenaeum". — 14° Proverbes arméniens, par Awgar Joanissiani et (en regard) proverbes géorgiens, par M. N. Bersénow. — 15° Proverbes tatares, communiqués par M. Ad. Bergé, président de la commission archéographique du Caucase.

Le second volume du Recueil ci-dessus cité, Tiflis, 1872, 353 et 111 pages grand in-8° avec 2 cartes, contient:

1° Aperçu des travaux exécutés pour l'irrigation en Cis- et Transcaucasie jusqu'en 1871 et l'avenir de cette œuvre (avec carte), par le colonel Ghersévanow. — 2° De l'importance de la mer Noire et Caspienne pour le commerce européen et russe, par le colonel Chavrow, constructeur du port de Poti. — 3° Description comparative des voies proposées par les Anglais pour la construction d'un chemin de fer de l'Europe dans les Indes (avec carte), par le colonel Stebnitzky, chef du dépôt topographique de l'état-major de l'armée du Caucase. — 4° Sur la possibilité et les dépenses nécessaires pour la construction d'un pont sur le Bosphore, par. M. Sésemann, ingénieur civil, attaché à l'administration supérieure du Caucase pour la construction de ponts en fer. — 5° Comparaison des voies proposées pour la construction d'un chemin de fer par l'Asie Mineure et la Russie vers les Indes, par le colonel Ghersévanow. — 6° Quelque notices sur les ports de la mer Caspienne, par le capitaine de vaisseau Pétritchenko, chef de la station de la marine impériale sur l'île d'Achour-adé dans le golfe d'Astrabad. — 7° Aperçu historique sur la navigation par bateaux à vapeur sur la Koura, par le capitaine de vaisseau Karganow. — 8° De l'influence de la navigation à vapeur sur les pêches dans le Volga, par M. Bippen, gouverneur de la province d'Astrakhan. — 9° De l'influence possible d'une navigation à vapeur sur les pêches dans la Koura, par M. Danilevski, inspecteur d'agriculture, ancien chef de plusieurs expéditions scientifiques pour l'exploration de l'état des pêches dans les mers de la Russie. — 10° Etudes ethnologiques sur les Osséthiens, par le docteur

W. Pfaff. — 11° Description d'un voyage par l'Osséthie méridionale, la Ratcha, Grande Rabardie et la Digorie, par le même. — 12° Aperçu statistique sur l'économie rurale du gouvernement d'Erivan en 1870, par M. N. Spassky, agronome. — 13° Chémakha et ses tremblements de terre, par M. Moritz, directeur de l'Observatoire physique à Tiflis. Traduction d'une brochure, dernièrement imprimée en allemand. —14° Le servage en Géorgie au commencement du siècle présent, par M. Kalantarow, attaché au comité statistique du Caucase. — 15° Sur la question d'un chemin de fer vers les Indes, par le général en retraite Arzrouni. — 16° Droit populaire des Osséthiens, par le docteur en droit W. Pfaff. (Continuation et fin du mémoire contenu dans le volume précédent). — 17° Exploration des anciennes sépultures près Mtskhétha, exécutée en 1871 par M. Bayern. Le commencement de ce mémoire a depuis paru en allemand dans le III° cahier de la „ Zeitschrift für Ethnologie ", publiée par MM. Virchow, Bastian et Hartmann. — 18° Quelques mots sur le choix de l'embarcadère de Sérébriakow comme port de mer sur la Caspienne, par le colonel Chavrow. — 19° Notions générales sur les pierres de construction usitées dans la Cis- et Transcaucasie, par le ... onel Ghersevanow. — 20° Superficie, population et densité de la population du Caucase en 1870. — 21° Données statistiques sur l'état et le produit des mines de la Cis- et Transcaucasie en 1870. — 22° De l'exploitation du pétrole dans le Caucase. — 23° Des mines de houille à Tkvibouli dans le gouvernement de Koutaïs. — 24° Données statistiques sur le produit des sources de pétrole dans le gouvernement de Bakou et le district Kaïtag-Tabassaran, recueillies en 1871 par M. Ghilew, présentement chef de l'administration des mines dans le Turkestan. — 25° Sur la mine de plomb argentifère de Sadon en Osséthie, par M. Stchastlivtsew, directeur de l'exploitation. — 26° Compte-rendu sur l'exploitation d'une mine de soufre près Tchirkat, dans le canton de Goumbet du Daghestan Intérieur, — entreprise en 1861 par M. Koltchevski, ingénieur des mines. — 27° Sur la fabrication de l'alun à Zéglik près de la ville d'Elisabethpol, par M. Bogatchew, professeur de chimie au gymnase classique de Tiflis.

N. de Seidlitz.
Rédacteur en chef du comité statistique
du Caucase.

St-Pétersbourg
le ⁷/₁₉ août 1872.

ÉTUDE STATISTIQUE

SUR

les maladies et infirmités apparentes de la population masculine de la Transcaucasie

en comparaison de celles dans l'Europe occidentale, quelques états de l'Amérique et de l'Asie.

Le dernier recensement de la population de la Transcaucasie, opéré graduellement dans le courant des années 1859—1863 et même en quelques localités, comme en Mingrélie (faisant actuellement partie du gouvernement de Koutaïs) jusqu'en 1867, nous a entre autres fourni des données sur le nombre des aliénés, aveugles, sourds-muets et infirmes du sexe *masculin* de la population contribuable. Pour préciser la valeur relative de ces chiffres nous devons mentionner qu'ils ont été recueillis sur les rôles originaux de recensement, dans lesquels les infirmes se trouvent inscrits sous le contrôle des autres membres de la commune, redevables, eux, des impôts, dont se trouvent affranchis les infirmes pour cause d'insolvabilité reconnue. Constatons que ce mode de dénombrement de la population infirme fournit suffisamment de garanties en ce qui concerne l'exactitude des chiffres en question.

Les chiffres ainsi recueillis pour les villes et villages de la Transcaucasie, distribués d'après la nouvelle division administrative de la contrée, advenue en 1860, furent depuis comparés au nombre effectif de la population du même recensement. C'est ainsi que nous reçûmes pour les différents moments du dénombrement de la population dans chacun des gouvernements de la Transcaucasie les données du tableau suivant:

	Aliénés.	Aveugles.	Sourds-muets.	Estropiés.	Total des infirmes.
Gouv. de Bakou . . .	152	300	47	418	917
— d'Elisabethpol .	180	173	86	365	804
— d'Erivan . . .	41	210	22	159	432
— de Tiflis . . .	140	172	57	262	631
— de Koutaïs . .	232	116	120	540	1,008
Total de la Transcaucasie	745	971	332	1,744	3,792

La comparaison de ces données avec le chiffre de la population valide de la contrée nous fournit les nombres proportionnels suivants:

Sur 10,000 habitants du sexe masculin nous trouvons:

	Aliénés.	Aveugles.	Sourds-muets.	Estropiés.	Total des infirmes.
Gouv. de Bakou	6,0	11,1	1,8	16,1	36,2
— d'Elisabethpol	6,9	6,7	3,1	14,2	31,1
— d'Erivan . .	2,2	11,1	1,3	8,3	22,7
— de Tiflis . .	5,6	6,8	2,3	10,1	25,1
— de Koutaïs .	8,9	4,1	4,5	20,3	38,1
Dans la Transcaucasie	6,1	7,9	2,7	14,1	31,2

M. Chopin, qui opéra depuis avril 1829 jusqu'en mai 1832 le premier recensement de la contrée d'Arménie (formant actuellement partie du gouvernement d'Erivan), y compta [1] 8,1 aliénés et insensés sur 10,000 hommes, 0,7 sur 10,000 femmes et 4,0 (?) sur 10,000 habitants des deux sexes.

Il énumère d'aveugles, borgnes, sourds, aveugles - muets et

____

[1] Monument historique de l'état de la contrée d'Arménie lors de l'annexion à l'Empire de Russie. St-Pétersbourg, 1852, p. 431 suiv. (en russe).

aveugles-sourds 20,₂ sur 10,000 hab. masc., 9,₇ sur 10,000 hab. fém. et 15,₁ sur 10,000 hab. des deux sexes.

De sourds, muets et sourds-muets 2,₁ sur 10,000 hab. mâles, 1,₁ sur 10,000 femmes et 1,₉ sur 10,000 habitants des deux sexes.

De bossus, boiteux, individus sans mains et autres estropiés 5,₂ sur 10,000 hommes, 2,₇ sur 10,000 femmes et 4,₀ sur 10,000 habitants.

Enfin nous rencontrons chez M. Chopin encore une catégorie spéciale de „mendiants", dont la dénomination a été introduite sans doute par cet auteur dans les registres de la population du Caucase, où nous l'avons souvent rencontrée pendant le dépouillement du dernier dénombrement de la population.

En faisant la comparaison des données fournies par M. Chopin, avec celles qu'on a obtenues 30 ans après lui sur la population des mêmes régions, nous trouvons qu'à présent la quantité des aliénés du sexe masculin est d'un tiers inférieure de celle qu'il nous a énumérée jadis. L'auteur cite d'hommes aveugles à peu près deux fois plus que dans notre évaluation, ce qui s'explique par l'addition qu'il a faite des borgnes, — en outre par le fait qu'il a ajouté à cette catégorie les sourds, quoique ceux-ci reparaissent de nouveau ensemble avec les sourds-muets, dont il énumère du reste le double de ce que nous en trouvons actuellement.

Tout au contraire nous trouvons maintenant plus de personnes impotentes du sexe masculin que chez M. Chopin, qui les a probablement classées dans sa rubrique de „mendiants".

A défaut de notions sur les infirmes des autres contrées de l'Empire de Russie nous devons, pour l'appréciation de la valeur relative de nos chiffres, recourir à leur comparaison avec les données des Etats de l'Europe occidentale. Commençons par les aliénés.[1])

Dans le grand-duché de Bade en 1850 il a été recensé 1 aliéné, idiot et crétin pour 449 habitants, soit 22,₃ pour 10,000 ou 3¹/₂

---

[1]) Legoyt. La France et l'Étranger. Études de statistique comparée; Paris 1865 1870, 2 vol. 11ᵐᵉ étude: Du mouvement de l'aliénation mentale en Europe et dans l'Amérique du Nord. — Vol. I, pag. 348—383.

fois plus que dans la Transcaucasie; — cette forte proportion s'explique peut-être d'un côté par le sens étendu donné au terme d'aliénation mentale, de l'autre par la renommée des asiles, qui reçoivent des malades de l'étranger, ce qui accroît considérablement la proportion des malades pour un pays d'étendue restreinte.

En Bavière le recensement de 1858 donna 1 aliéné, idiot et crétin pour 884 hommes ou 11,3 pour 10,000 hommes, tandis qu'il y avait 1 aliéné pour 1007 femmes ou 9,9 pour 10,000; enfin 1 pour 942 habitants, soit 10,6 pour 10,000 habitants des deux sexes — rapport qui n'excède pas de beaucoup celui que nous avons trouvé pour la Transcaucasie.

Dans le Hanovre on trouva en 1856 1 aliéné pour 590 habitants ou 16,9 pour 10,000, dont 52% pour le sexe masculin et 48% pour le sexe féminin ou 106,56 hommes pour 100 femmes. Dans les villes il y avait 1 individu atteint d'aliénation mentale sur 449 valides, tandis que dans la campagne 1 sur 621 habitants, ce qui donne un excédant d'un tiers du côté de la population urbaine.

Dans le grand-duché d'Oldenbourg en 1855 il a été recensé 1 idiot sur 353 habitants du sexe masculin (28,3 sur 10,000), 1 sur 282 du sexe féminin (35,5 sur 10,000) et 1 sur 301 habitants (33,2 sur 10,000).

En Silésie, seule province de la monarchie prussienne où il ait été fait un recensement des maladies mentales, en 1852 il existait 1 aliéné sur 1406 habitants ou 0,8 sur 10,000 ou enfin (abstraction faite des idiots) 1 aliéné proprement dit sur 1178 ou 8,5 sur 10,000 habitants.

Dans le Wurtemberg le recensement de 1853 a donné 1 aliéné sur 1019 hommes (9,8 sur 10,000), 1 aliéné sur 880 filles ou femmes (11,6 sur 10,000), enfin 1 aliéné sur 948 habitants (10,9 sur 10,000).

En Espagne on comptait en 1847 5 aliénés sur 10,000 habitants.

En France il y avait en 1861 1 aliéné sur 915 hommes (10,9 sur 10,000), 1 aliénée sur 839 femmes ou filles (11,9 sur 10,000), enfin 1 sur 870 habitants (11,4 sur 10,000). Outre cela on comptait 1 crétin sur 797 hommes (12,6 sur 10,000), 1 sur 1034 femmes (9,7 sur 10,000) et 1 sur 900 habitants (11,ı sur 10,000). Ainsi 1 individu était atteint d'une maladie mentale sur 444 valides ou 22,5 sur 10,000 habitants.

En traitant dans cet essai d'une contrée renfermant les plus hautes montagnes de la partie occidentale du continent asiatique, nous ne pourrions omettre de mentionner en quelques mots les renseignements que nous avons pu recueillir sur le *goître*. „Si le climat et la position géographique d'une contrée", nous citons M. Legoyt dans son ouvrage précité [1], „ne paraissent pas avoir une influence sensible sur le développement de l'aliénation mentale, on ne peut en dire autant en ce qui concerne l'idiotie et le crétinisme". En France c'est la Savoie qui se trouve en tête de la liste des départements renfermant cette sorte d'infirmes. L'idiotie et le crétinisme s'y rencontrent dans la proportion exceptionnelle de 1 pour 100 habitants. Le goître, qui accompagne si souvent le crétinisme, se trouve hors de l'Europe dans les montagnes du Brésil [2], dans l'Himalaya, dans la province de Sikkim [3] et il est tellement répandu dans le Turkestan oriental [4], que d'après l'assertion d'un des derniers explorateurs de cette contrée la plupart de ses habitants sont sujets à cette infirmité. Sur la Transcaucasie nous n'avions jusqu'à présent que les renseignements publiés sur l'existence du goître dans un mémoire sur la Swanéthie, dressé par M. Bakradzé [5]. Citons donc ce témoignage d'un voyageur, qui explora en 1860 cette contrée, située sur le versant méridional de l'Elbrouz et si peu connue jusqu'à nos jours: „L'influence du climat se manifeste même dans les traits des Swanéthiens: les habitants de la Swanéthie

[1] Legoyt, l. c., t. I, p. 626 et suiv., 82ᵐᵉ étude: le 10ᵐᵉ dénombrement de la population de la France (expressément p. 635).

[2] J. J. v. Tschudi, Reisen in Süd-Amerika. Leipzig 1866-1869, 5 vol., t. I, p. 302 II, p. 178.

[3] H. v. Schlagintweit-Sakunlunski. Reisen in Indien und Hochasien. Iéna 1871, in-8°, t. II, p. 191.

[4] Petermann, Geogr. Mitth. 1871, VII, p. 261: «Fast allgemein ist die Bevölkerung mit Kröpfen behaftet; im übrigen ist das Klima gesund.

[5] Mémoires de la section caucasienne de la Soc. imp. géogr. de Russie, t. VI, 1881. Explorations et matériaux, p. 25 (en russe).

princière ont la physionomie douce, et le teint basané; les habitants des parties supérieures de la Swanéthie libre l'ont sévère et le teint blanc. Les maladies catarrhales et les fièvres n'y sont pas connues; aussi la population y a-t-elle l'air sain et le teint frais. Le choléra est inconnu. Mais en revanche l'espèce de crétinisme propre à la zone alpine, c'est-à-dire le *goitre*, est très-répandu dans ces vallées, surtout dans la commune de Moujali, où il acquiert souvent des dimensions considérables. " C'est à nous de mentionner en ce lieu qu'un recensement de la population de la Swanéthie n'existant pas encore, les goitreux de cette contrée n'ont pas été comptés dans notre évaluation des idiots et aliénés du gouvernement de Koutaïs.

Retournant à la question de l'existence de goitreux dans le Caucase, nous devons observer que lorsque nous soumettions la présente notice sur les infirmes dans la Transcaucasie à l'attention de la Société impériale des médecins du Caucase, un jeune médecin, qui s'était choisi l'aliénation mentale comme spécialité, nous communiqua avoir observé des goitreux dans une des hautes vallées du district de Nakhitchévan. Il semble en outre que des goitreux se trouvent encore dans une partie très-sauvage du Daghestan.

Pour ce qui concerne la distribution des *aliénés* d'après le sexe, nous manquons de données pour la Transcaucasie, excepté celles de M. Chopin, qui compte pour le gouvernement d'Erivan en 1830 (date approximative du recensement) sur 10,000 hommes, 3,,, aliénés et crétins; et sur le même nombre de femmes 0,,, seulement. Cette disproportion entre les aliénés des deux sexes trouve, à notre avis, son explication dans la difficulté qu'ont les personnes chargées du dénombrement de pénétrer dans l'intérieur des populations indigènes. Ce qui nous confirme encore davantage dans notre hypothèse, c'est l'examen du nombre des aliénés d'après les diverses nationalités de cette province. Ainsi nous trouvons chez l'auteur cité, pour les Arméniens, 2,,, hommes sujets à l'aliénation mentale sur 1,,, femmes, tandis que chez les mahométans (Tatares, Kurdes, etc.) la disproportion des sexes atteint le chiffre de 8,,, sur 0,,,. Le recensement de la population en France, opéré en 1856, démontra l'existence de 100 aliénés du sexe masculin sur 93,,, de l'autre sexe, tandis que le nombre total des femmes était de 100 sur 98,,, hommes. La prédominance numérique des femmes sur les hommes existe seulement entre les aliénés proprement dits, tandis que dans le groupe des idiots et crétins les hommes l'emportent sur les femmes dans la proportion de 100 : 77. Toutes les données que nous avons citées sur les Etats de l'Europe occidentale donnent le résultat que dans les unes les aliénés du sexe masculin prédominent sur le sexe féminin, et le contraire dans d'autres; mais en général les aliénés se distribuent assez régulièrement entre les deux sexes.

En passant à l'examen des données sur les *aveugles*, remarquons que divers savants ont tiré de leurs études spéciales la conclusion que les contrées *chaudes* et *froides* en produisent *un plus grand nombre* que les climats tempérés. Ce fait, remarqué en France déjà lors du recensement de 1851 et 1856, fut de nouveau confirmé par le dénombrement entrepris en 1861 [1]. Les résultats de ce recensement prouvent que la proportion des aveugles pour 10,000 habitants est dans le centre de la France 7,„ dans le Nord de l'Etat 8,„ et dans le Sud 10,„. Ces faits deviennent encore plus instructifs, si nous comparons les départements occidentaux de la zone centrale aux départements orientaux. Dans les premiers nous ne trouvons guère plus de 6,„ d'aveugles sur 10,000 habitants, tandis que dans les derniers la proportion augmente jusqu'à 10,„.

Les données que nous avons trouvées pour les aveugles de la Transcaucasie sont assez d'accord avec celles qui ont été obtenues sur cette infirmité en France.

Concernant les *sourds-muets*, mentionnons qu'en France il y en avait en 1861 5,„ sur 10,000 habitants, ou 6,, sur 10,000 hommes, et 5,„ sur 10,000 femmes (131 hommes sur 100 femmes). Les sourds-muets, ainsi que les aveugles, sont bien plus nombreux dans le sexe masculin que dans le sexe féminin. 10 départements de la France se font surtout remarquer par le grand nombre d'aveugles: Savoie, 31,„ par 10,000 habitants; Hautes-Alpes, 27,„; Hautes-Pyrénées, 16,„; Corse, 14,„;.et ainsi de suite pour 6 départements avec plus

---

[1] Legoyt, l. c., t. I, pages 626 et suivantes, 82° étude : le 10° dénombrement de la population de la France.

de 10 aveugles sur 10,000 habitants. La plupart de ces divisions territoriales appartiennent aux régions *montagneuses* de la France. Il est remarquable que les départements en plaine figurent tous, au contraire, au nombre de ceux qui ont le moins de sourds-muets.

Concluons notre essai sur les infirmes en Transcaucasie. En ayant à notre disposition des registres de tous les villages du pays avec l'énumération des aliénés, aveugles, sourds-muets et estropiés qu'ils contiennent, il nous eût été facile d'énumérer tous ces infirmes d'après les districts ou d'après les divisions naturelles de la contrée, mais ayant en vue l'infaillibilité de la loi des grands nombres, et la circonstance que tous nos matériaux se rapportent à une population qui ne dépasse guère 1 million $^1/_2$ d'habitants mâles, nous pensions devoir nous borner à étudier la distribution de ces infirmes seulement d'après les *gouvernements* ou la première et plus grande division administrative de cette contrée. Ce que nous avons surtout à regretter, c'est que le système adopté pour l'enregistrement de la population dans le gouvernement de Stavropol, dans les provinces du Térek et Kouban et dans le Daghestan, ne nous fournit pas de matériaux qui puissent nous servir de comparaison entre ces pays et les cinq gouvernements situés au-delà du Caucase.

N. de Seidlitz.

St-Pétersbourg,
le 7 (19) août 1872.